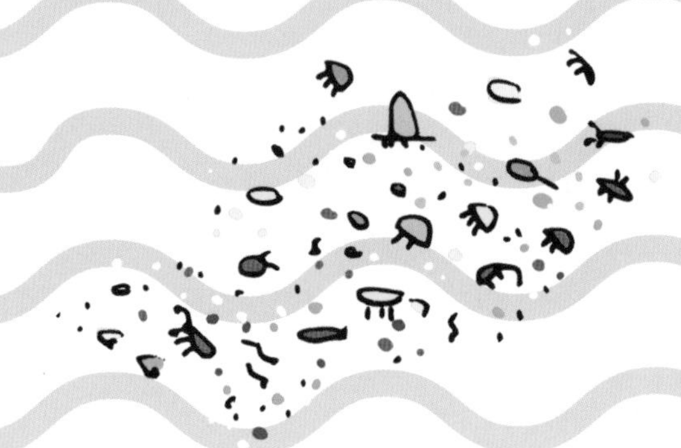
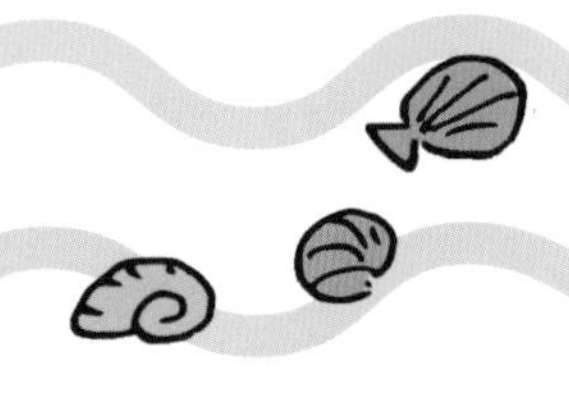

小海浪的大冒險

認識海浪的變化

亞哥斯提諾．特萊尼 圖/文

新雅文化事業有限公司
www.sunya.com.hk

為什麼水能映照出物件?

水映照出的物件倒影是光經水面反射後所形成的虛像。水面越平靜，倒影越突出，倒影的長度則等於物件的實際長度；水面有微波時，水中倒影的長度便會隨着水波的振動而改變。

昨晚下了一場大雨。地面的低窪處積滿雨水，形成一個個大水潭。安格和皮諾來到水潭邊，開心地凝望着自己在水面的倒影。

「水可以映出所有物體。」安格說。

「就像鏡面一樣。」皮諾附和道。

微風吹來，水面泛起漣漪，水中倒影頃刻間模糊了。現在水面不再像鏡面般光滑，反而湧起一圈圈的波紋。

「我看是風太太吹出了波紋。」安格說。

「你猜得沒錯。」一把聲音響了起來。

是誰在講話？

「這是水先生！」皮諾說。

安格和皮諾見到老朋友很高興，因為水先生對波浪的知識瞭如指掌。

「是風太太吹皺了水面。」水先生說，「風擾動水面，形成了波紋，隨後風對波面施加的壓力越來越強，波紋就越來越大，形成了波浪。」

兩個相鄰的波峰經過同一點所需要的時間稱為「波浪周期」。我們可以用它來計算波浪的速度。單位是秒。如果時間間隔是3秒鐘，我們就可以說波浪周期是3秒了。

「乍看之下，風太太吹起的波浪不斷變高、變長，但這些波浪並沒有泛起白沫。海浪在不斷上下晃動，卻沒有產生前進或後退的推動力。這樣的小遊戲，讓我覺得很舒服！」水先生高興地說。

波峰和波谷是什麼?

波峰和波谷都是海浪在流動時呈現的不同波浪。海浪的最高點稱為「波峰」；最低點則稱為「波谷」。一般來說，風速越大、海域越廣，波浪越高；相反，風速越小、海域狹窄，波浪就越低。

小朋友，考考你，水是沒有顏色和透明的，但為甚麼波浪激起的是白色的泡沫，而不是其他顏色呢?

答案：
波浪激起的泡沫其實是含有氣泡的水花，而氣泡外有一層很薄的液體，內裏包着空氣。泡沫是白色，是因為水中含有空氣泡。

當波浪累積得越來越高、無法消散時，就會捲起浪濤並激起白沫（白色的泡沫）。激起的浪花含有空氣，這就是為甚麼會有白沫。

在洶湧的浪濤中，水流上下起伏，同時向前推進。說不準何時會產生一個比其他浪花高很多的巨浪。這樣的巨浪，我們稱為異常浪。

「當風力逐漸變小甚至停止後，波浪也越來越柔和，並在海洋中繼續向前推進。一直推到岸邊：持續一起一伏，一起一伏，一起一伏……」

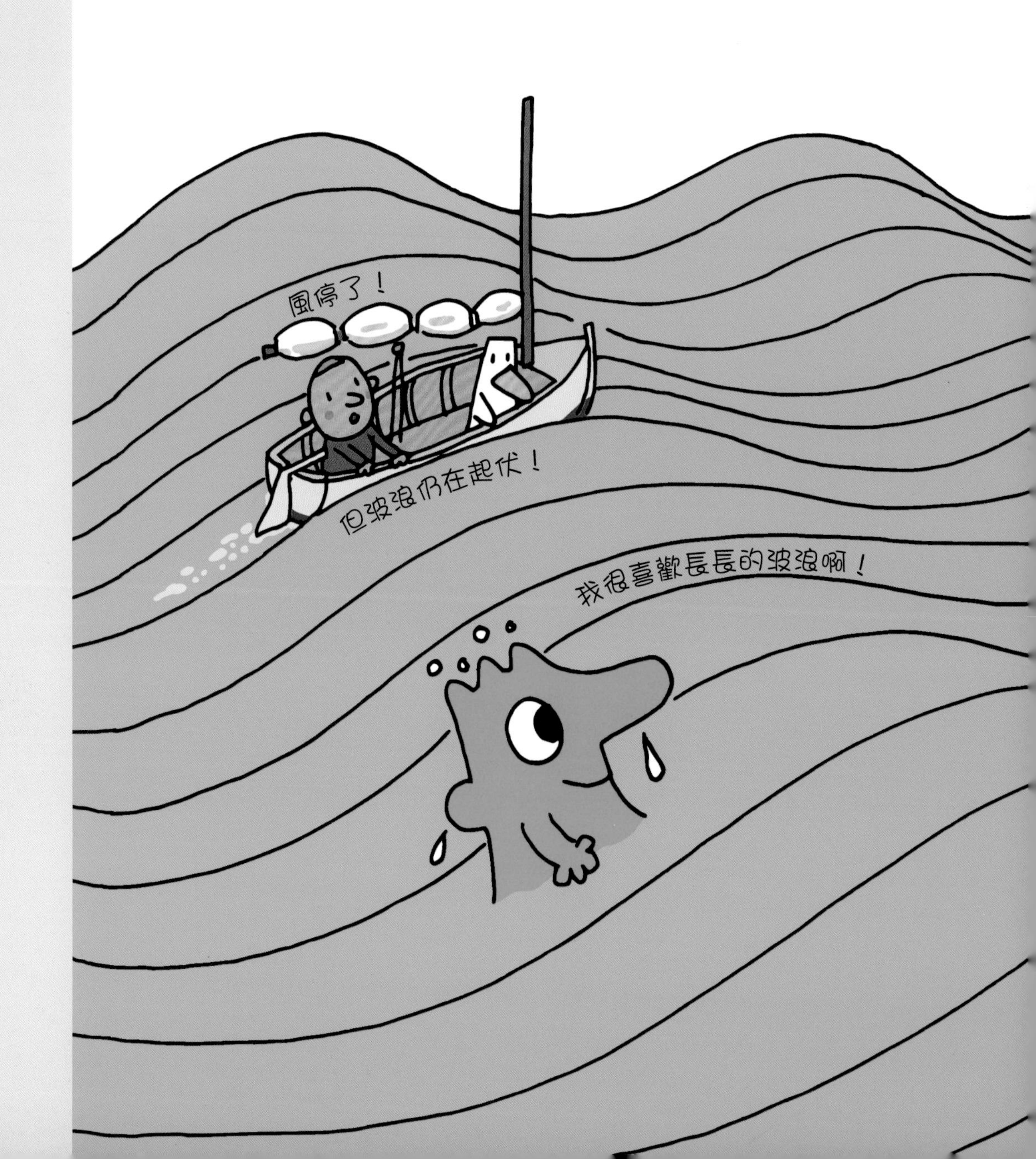

「這樣綿延不斷的波浪。我們稱為長浪，或者湧浪。起伏不斷的波浪很容易導致暈船，這對於航海者來說絕對是災難！」

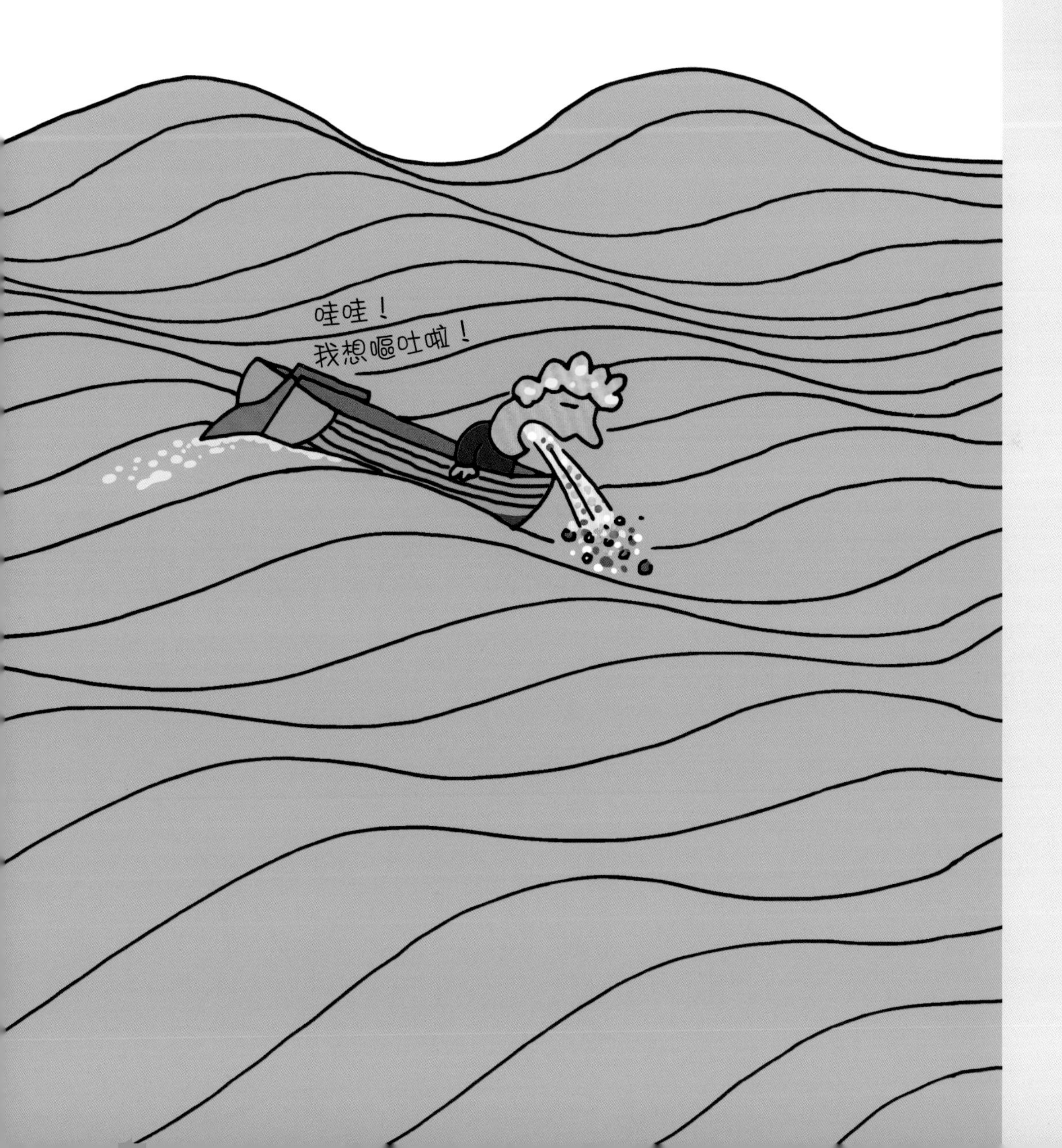

小朋友，你有沒有暈船浪的經驗呢？當你暈船浪時，感覺是怎樣的？說說看。

「現在我們來看看長浪抵達岸邊時會發生什麼變化。」水先生說。

當波浪越靠近海岸，浪頭就會層層積累變高，最終跌落形成浪花。

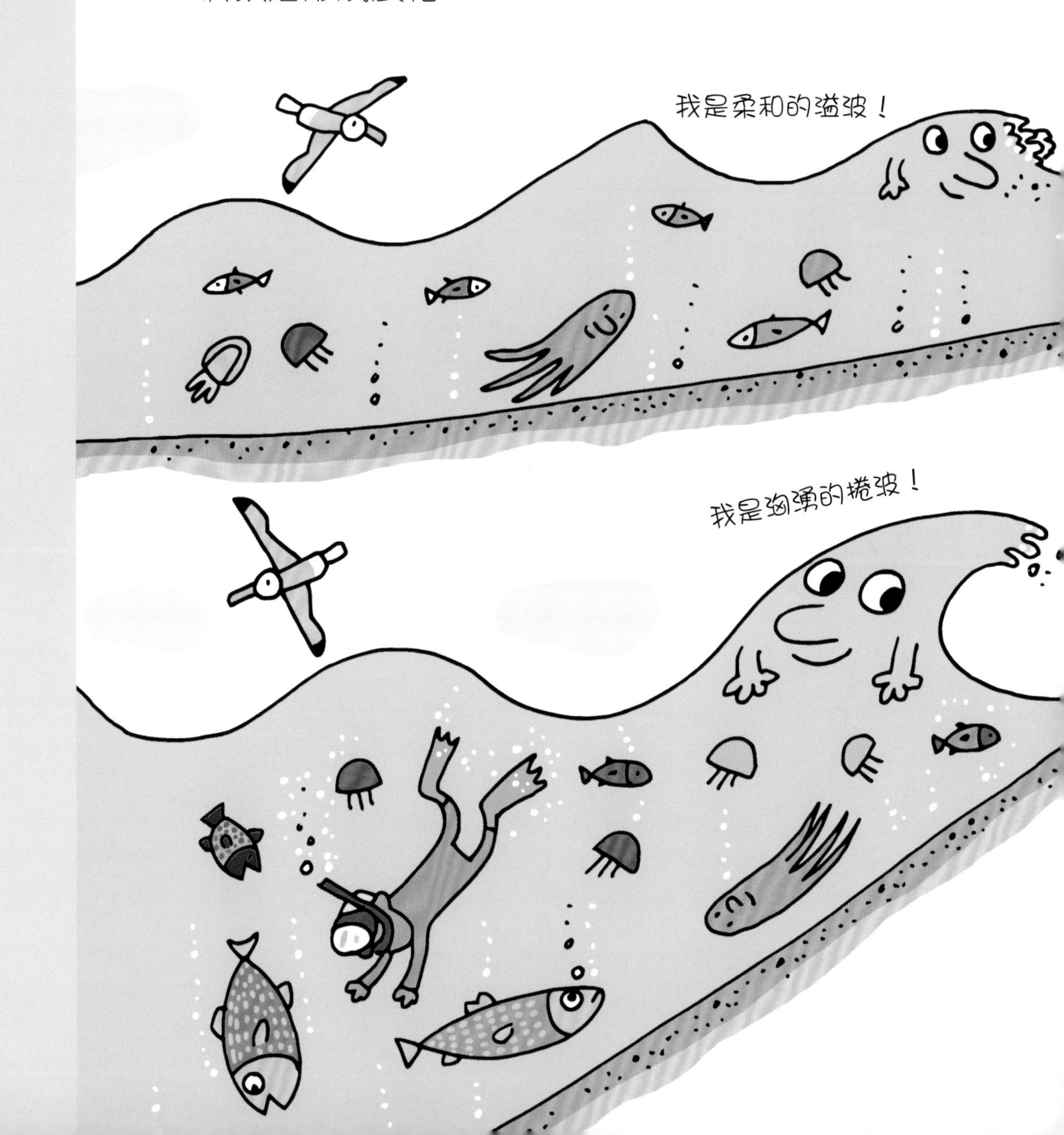

「如果岸邊底的坡度非常平坦，波浪會形成柔和的溢波；如果岸邊坡度十分陡峭，波浪就會變得垂直，猛烈地拍打岸邊，形成捲波。」

小朋友，夏天來了，爸爸媽媽有沒有和你去海灘玩耍呢？在海灘上，你喜歡玩什麼？曬太陽、游泳、堆沙，看大人在衝浪……你最喜歡哪項活動呢？為什麼？

水先生開始用頭部一下一下地撞擊岸邊的礁石。

「你這是幹什麼啊？」安格好奇地問。

「我在製造沙粒。」水先生向他解釋，「我不停地衝擊岸邊的岩石，把它們磨成小碎片。」

「隨後我不停地侵蝕岩石，把這些碎片磨成小顆粒，磨掉它們的棱角。這樣我就能享有光滑的鵝卵石沙灘了。如果我想把它們打磨成沙礫，還需要繼續沖刷很久啊。我最不缺乏的就是耐性。當我進入小溪或河流時，我也會這樣努力工作。」

什麼是沙礫？

沙礫是一種由碎石和沙子組成、比岩石顆粒還小，但比粉砂粗糙的沉積物。沙礫可以在河流、海灘、沙洲、河牀等地找到，其形狀和大小取決於所處的地理環境和風化過程，亦因為形狀和大小不同，沙礫在建築、道路建設、景觀設計等方面都有廣泛的應用。

「和水先生一起出遊既開心又疲累，我們想要坐下來休息一下。」

「沒問題，坐下來吃些點心吧。」水先生說。

安格和皮諾坐在沙灘的一塊巨石上，狼吞虎嚥地吃起麪包。

但是沒過多久，安格和皮諾腳下的巨石就被一片汪洋包圍了。

「水先生，你怎麼漲得這麼高呢？」安格問。

「我什麼也沒做。」水先生笑着說，「月亮和太陽才是這一切的始作俑者。」

小朋友，你看到安格和皮諾用餐後，他們腳下的巨石已被海洋包圍了，那究竟發生了什麼事呢?

答案：潮漲。安格和皮諾說水先生漲得很高，這是潮漲令水位上升，升至差不多淹沒了那塊巨石。

常說，寶寶出生滿一個月，就是「滿月」。那麼，天文現象中的「滿月」是什麼意思呢？

天文現象中的「滿月」，是指從地球的視角看月球，看到月球完全被陽光照亮時的月相。較受人們關注的，大多指在中秋節出現，以及在月食時出現的滿月。

水先生最喜歡玩潮漲和潮退的遊戲了。

「地球上的陸地被海洋包圍。」水先生說，「由於月球離我們如此近，它會對地球上的水產生很強的吸引力。月球不停地圍繞着地球轉，所以海水就會被月亮的引力拉動，朝月球的方向膨脹，這就是潮漲。」

「天體引潮力大時，會形成高潮；天體引潮力小時，會形成低潮。」

「那太陽和潮汐有什麼關係呢？」

「大約每兩周，太陽和月球排列在同一條直線上時，太陽和月亮對海水的引力合在一起，會導致海水漲得特別高和退得特別低。」

「現在我該給你們講講水流了。」水先生說，「潮漲時，海水會湧入所有通道。如果通道十分狹窄，海水就會後浪推前浪，水流變得十分湍急。在退潮時也一樣。」

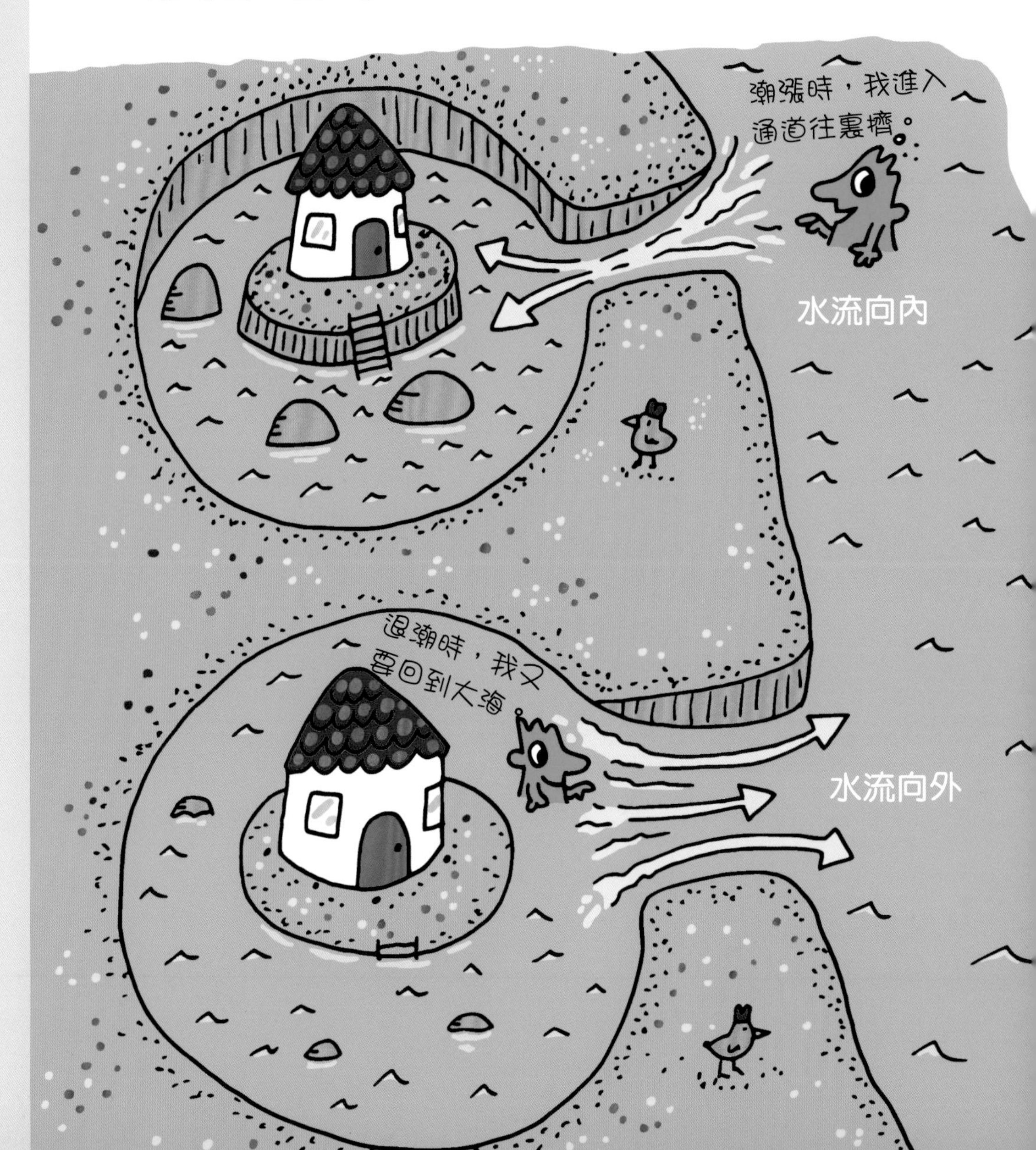

水先生帶着朋友來到水鄉威尼斯。大家目睹了潮漲時洪水流過街巷的場景，真是一團糟！

「這次洪災是由多種原因造成：壞天氣導致強風席捲整個城市，將大潮產生的潮水灌入了威尼斯潟湖。」

威尼斯在哪裏？為何威尼斯有「水鄉」之稱呢？

答案：威尼斯是一個位於意大利東北部的城市。威尼斯四面環海，由百多個小島組成，小島以橋樑相連，並以小艇代步，所以有「水鄉」之稱。

什麼是海嘯？

海嘯，是指由海底地震、火山爆發或氣象變化而產生的海浪。當海底發生地震，震波的動力引起海水劇烈的起伏，形成強大的波浪，其力度可以摧毀堤岸，淹沒陸地，甚至奪走生命財產，所以海嘯是一種具有強大破壞力的海浪。

「我們剛才觀察到的大海變化都是有規律的，不會驚擾到陸地上的小動物和人類。不過有時候，大海會毫無徵兆地猛烈震動爆發，這就是海嘯！」水先生激動地嚷着。

海底地形急劇升降和變動，引起海水強烈擾動，從而形成一股滔天巨浪，高速湧向海水表面。

這股浪潮高速沖向海岸，會席捲岸邊的一切，所到之處一片混亂。

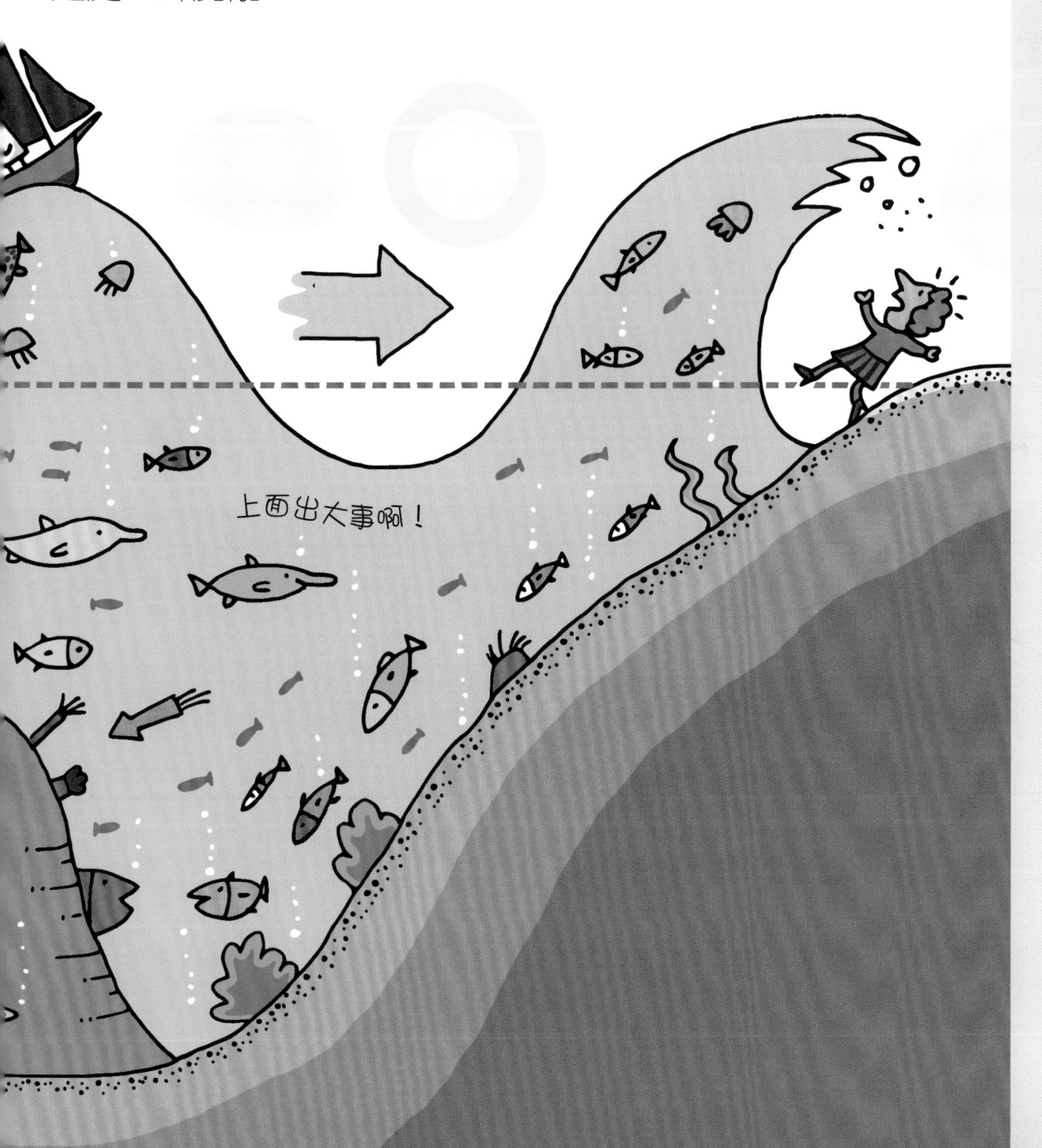

「現在你們來觀察一下這張洋流圖。」水先生說。我們可以看到：水一直在流動。赤道近地面的空氣受熱上升，熱空氣驅動赤道周圍的海水不斷迴圈流動，形成了洋流。洋流在流動過程中，和其他水流交匯，形成了巨大的漩渦和新的洋流。

「洋流中間的水是靜止的，裏面還存有很多塑膠垃圾。這是人類釀成的苦果，應該儘快解決才對。各大海域中由於水溫和含鹽量的差異，產生了各種不同的洋流。」

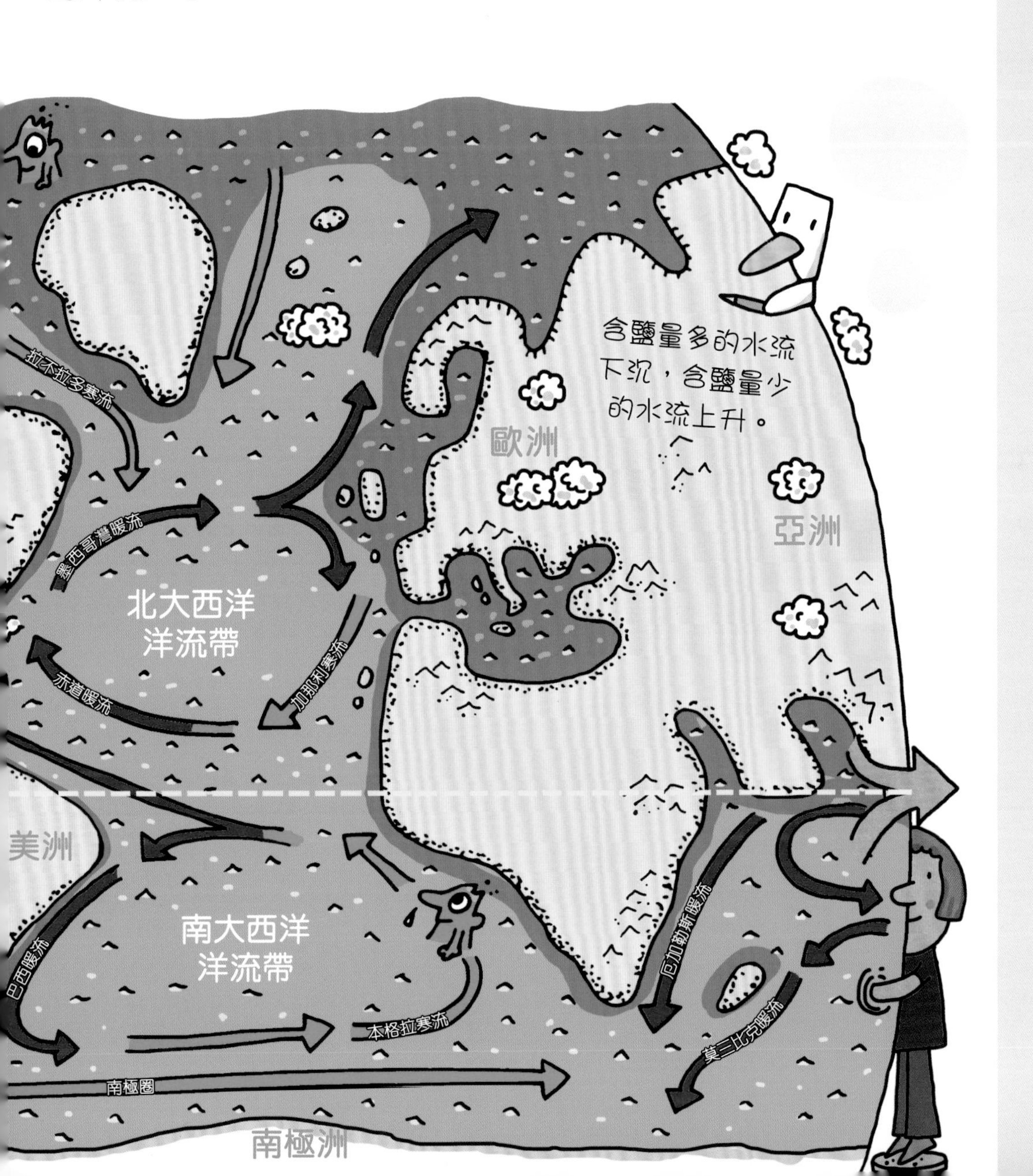

水先生一刻也不停歇。自轉的地球、月亮、太陽、風、熱空氣和冷空氣不斷推進，令海洋中的水也攪動起來。

　　跟隨洋流的浮游生物和氧氣就這樣被運往海洋各處，為海洋生物提供了充足的養分。

　　安格和皮諾開心極了，這一次出行他們學到很多新知識。「謝謝你，水先生！」

小朋友，來看看這片大海洋！海洋中有許多魚類和浮游生物，除了章魚、鯨魚之外，你還看到什麼呢？你找到多少條小魚呢？數數看。

科學小實驗

現在就來和水先生一起玩吧！

你會學到許多新奇、有趣的東西，

它們就發生在你的身邊。

波的傳遞

1 拿一條長繩子。要記住：繩子越長，實驗效果越好。首先把繩子一端握在你手裏，另一端繫在另一個固定的物體上，你也可以請好朋友來拉住繩子的另一端。

2 試試上下垂直搖動繩子，你會看到一個波產生了，並向着繩子的另一端傳過去。

3 當這個波抵達繩子的另一端之後，它會折返回來，並向着你的方向傳導。

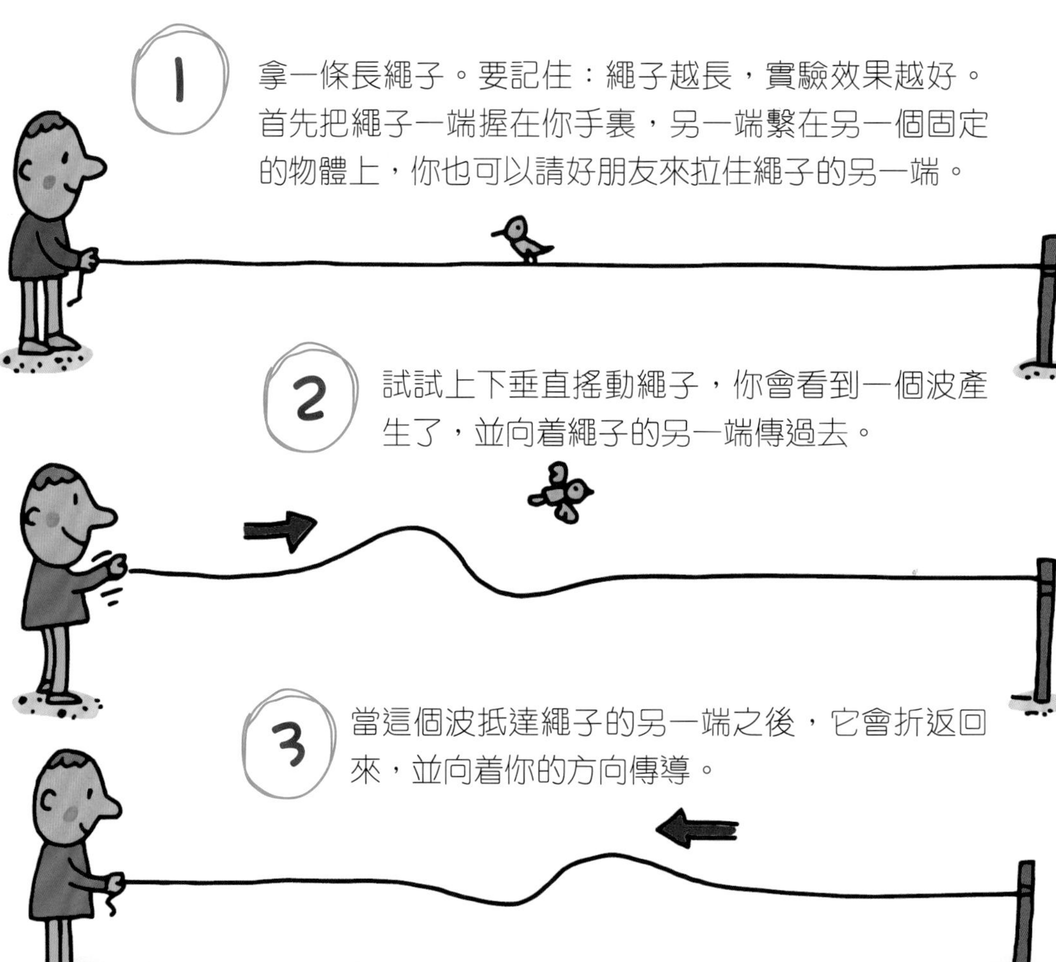

細心觀察：波會從一處向另一處移動，但繩子的各個位置卻不會移位。

造浪遊戲

在容器內倒入一些水。

2

將容器的一端抬起來，你會發現水全都湧到容器的另一端。

3

將容器快速放平。你會看到水流從容器的另一端形成波浪高速流動，直到最後的波浪漸漸緩和及停止。

玩得開心！

好奇水先生

小海浪的大冒險

圖文：亞哥斯提諾・特萊尼 (Agostino Traini)
譯者：林曉容
責任編輯：嚴瓊音
美術設計：許鍩琳
出版：新雅文化事業有限公司
香港英皇道499號北角工業大廈18樓
電話：(852) 2138 7998
傳真：(852) 2597 4003
網址：http://www.sunya.com.hk
電郵：marketing@sunya.com.hk
發行： 香港聯合書刊物流有限公司
香港荃灣德士古道220-248號荃灣工業中心16樓
電話：(852) 2150 2100
傳真：(852) 2407 3062
電郵：info@suplogistics.com.hk
印刷：中華商務彩色印刷有限公司
香港新界大埔汀麗路36號
版次： 二〇二三年七月初版

ISBN: 978-962-08-8216-6

Published by arrangement with Atlantyca S.p.A. – Corso Magenta, 60/62 – 20123 Milano, Italia - foreignrights@atlantyca.it - www.atlantyca.com
Original Title: *Sulla cresta dell' onda*
Translation by Xiaorong Lin

18/F, North Point Industrial Building, 499 King's Road, Hong Kong
Published in Hong Kong SAR, China
Printed in China